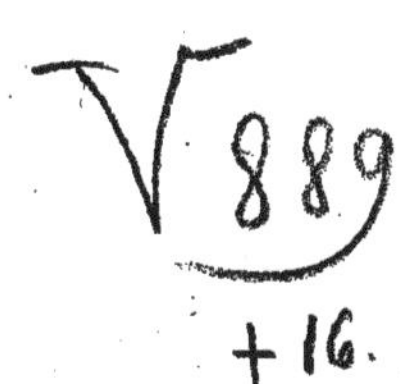

MÉMOIRES

DE MATHÉMATIQUE ET DE PHYSIQUE

PAR GUILLAUME LIBRI

Premier Cahier.

PISE, 1827.

DE L'IMPRIMERIE DE PROSPERI.

MÉMOIRE

SUR QUELQUES FORMULES GÉNÉRALES D' ANALYSE.

Introduction.

L'Algebre présente un grand nombre de problemes, tels que le développement du polynome, la recherche des fonctions symétriques des racines des équations algébriques, l' élimination etc., dont la solution dépend dans chaque cas particulier des principes les plus elémentaires, mais qui offrent de grandes difficultés quand il s' agit de les résoudre en général. Cependant le défaut de formules se fait sentir chaque fois que la solution d' un probleme exige que l' on connaisse le résultat général des opérations qu' on sait effectuer seulement dans les cas particuliers; et comme cette circonstance se renouvelle souvent dans l' analyse, il en résulte une imperfection qui plane sur toute l' étendue de la science. Cette imperfection disparaîtrait si l' on savait, dans le développement d' un polynome quelconque, trouver le terme général sans qu' il fût besoin de connaître les termes précédens, comme cela parait nécessaire au premier abord; car cette question renferme toutes celles de la même espece que nous avons énoncées ci dessus. Les géometres allemands, qui se sont beaucoup occupés de ces recherches, ont tâché de tirer le développement du polynome, de l'analyse combinatoire dont Leibnitz avait donné la premiere idée, mais leurs procédés qui reposent presqu' entierement sur la partition des nombres, (opération qu' on ne sait pas effectuer en général) ne peuvent fournir que des regles didactiques, et point de formules générales. D' autres analystes ont ramené ce probleme au calcul différentiel et aux intégrales définies: ces méthodes qui sont plus directes, exigent cependant que l' on connaisse les différentielles successives de certaines fonctions; et comme pour les obtenir il faut développer ces fonctions en séries, il est clair que le probleme revient en derniere analyse à ce qu' il était d' abord, puisque il faut calculer les termes précédens pour avoir celui que l' on cherche. Ainsi jusqu' à présent, il n' y avait aucune formule générale, qui offrit sous une forme concise tous les termes dont le développement d' une fonction polynome se compose, sans qu' il fût necessaire de faire aucune operation préliminaire. Cependant il semble que dans l' état actuel de l' analyse il faut renoncer à tous les moyens pratiques, comme l' on a depuis long tems abandonné les constructions graphiques pour la solution des problemes, et que l' on doit chercher des formules générales, qui ayent pour caractere spécial de résoudre la question dans sa plus grande étendue, sans qu' il soit nécessaire pour les appliquer aux cas particuliers d' effectuer d' autre opération que celle d' y substituer les quantités connues. Chaque fois qu' une formule ne remplit pas ces conditions, elle est incomplette, parceque la valeur d' une quantité qui en dépendrait, ne saurait être substituée dans une autre expression.

Pour résoudre les questions qui nous occupent, nous avons ramené d'abord le développement d' un polynome à une équation aux différences d' ordre indéfini, dont l'intégrale exprimée en-série nous a donné le terme général du développement cherché; puis nous avons partagé cette série en autant d' autres séries partielles qu' il y a de facteurs dans les termes qui la composent, et nous avons pû de cette maniere en obtenir la somme en termes finis. La formule que l' on trouve ainsi est presqu' aussi simple que celle qui exprime l' intégrale de l'équation linéaire aux différences du prémier ordre, et lui ressemble à quelques égardes. On en déduit de suite une espression des nombres de Bernoulli, plus complette et moins difficile à calculer que toutes celles que l' on connaissait jusqu' à présent. Ceci nous conduit à exposer une formule assez simple, qui sert à développer par les puissances ascendantes de la variable, l' intégrale finie d' une fonction quelconque.

La méthode dout nous avons fait usage pour développer le polynome, sert encore a trouver la somme des puissances des racines d' une équation algébrique quelconque; on obtient dans ce cas deux développemens qui en derniere analyse sont identiques, et on les somme de la même maniere que la série que l' on avait obtenue pour le polynome. Nous déduisons des formules qui représentent ces développemens, une expression générale de la somme des diviseurs d' un nombre quelconque; somme que l' on n' avait jamais pû soumettre à aucune loi réguliere: et nous montrerons dans la suite comment ces mêmes formules peuvent servir à trouver directement un nombre premier plus grand qu' une limite quelconque. Lorsqu' on connait la somme des puissances des racines d' une équation, toutes les autres fonctions symétriques des mêmes racines s' en déduisent: mais nous n'avons pas cru nécessaire de nous arrêter à exposer les formules qui les représentent. Cependant nous avons pensé qu' il ne serait pas tout à fait inutile de donner la formule générale d' élimination, entre deux équations algébriques de degrés quelconques; et nous l'avons exposée en négligeant la démonstration qui est très-facile a retrouver.

Les formules que nous exposons dans ce mémoire, offrent l' avantage de pouvoir inroduire dans le calcul sous forme finie le résultat d' operations qui dependent de développemens très-longs à effectuer. Nous avons cru nécessaire de les placer à la tête de ces recherches, à cause des applications fréquentes que nous en fairons dans la suite, à l'analyse numérique et à diverses questions de calcul intégral.

Analyse

Étant proposé de développer suivant les puissances ascendantes de z, le polynome indéfini

$$\left(1+a_1z+a_2z^2 \ldots\ldots +a_xz^x+\&\right)^m = 1+y_1z+y_2z^2\ldots\ldots \quad +y_xz^x+\&$$

si l' on prend la différentielle logarithmique de chacun des membres de cette équation, et que l' on égale les coefficiens des mêmes puissances de z, on aura la suite d' équations aux différences

$$\begin{aligned}
y_1 &= ma_1 ;\\
2y_2 &= 2\,ma_2 + (m-1)\,a_1y_1 ;\\
3y_3 &= 3\,ma_3 + (2\,m-1)\,a_2y_1 + (m-2)\,a_1y_2 ;\\
&\ldots\ldots\ldots\ldots\ldots\ldots
\end{aligned}$$

$$(1)\ldots\ldots\quad xy_x = x\,ma_x + \Big((x-1)\,m-1\Big)\,a_{x-1}\;y_1 + \Big((x-2)\,m-2\Big)\,a_{x-2}\;y_2+\&$$

et en substituant dans la derniere, les valeurs de y_1, y_2, y_3, &, deduites des équations précédentes, on aura l' intégrale de l' équation (1) exprimée en série de cette maniere

$$(2)\ldots y_x = \frac{xma_x}{x} + \Big((x-1)m-1\Big)\frac{a_{x-1}}{x}(ma_1) + \Big((x-2)\,m-2\Big)\frac{a_{x-2}}{x}\left(\frac{2ma_2+(m-1)a_1(ma_1)}{2}\right)$$

$$\ldots\ldots\ldots \quad + \Big((x-t)\,m-t\Big)\frac{a_{x-t}}{x}\,\beta_t + \& ;$$

et il sera facile de saisir la loi des termes, puisque le coefficient β_t, est égal à la somme de tous les termes précédens dans lesquels on a changé x et t.

A l' aide des substitutions successives on peut toujours exprimer en série l' intégrale d' une équation aux différences; mais les formules que l'on obtient de cette maniere manquent de symétrie, et ne peuvent pas aisément se représenter à l' esprit: pour les rendre utiles, il faut les réduire à une forme finie, et c' est ce que nous allons faire maintenant.

Si dans l' équation (2) on réunit par groupes les termes composés de deux, de trois, ... de $u+1$ facteurs (en ne considérant comme facteurs que les coefficiens indéterminés a_1, a_2, a_3 . . . . a_x, &, du polynome) et si l' on désigne ces groupes par A_2, A_3, ... A_{u+1}, &, on aura

$$
y_x = \begin{cases} \dfrac{xma_x}{x} \\ +\left((x-1)m-1\right)\dfrac{a_{x-1}}{x}\left(ma_1\right)+\left((x-2)\,m-2\right)\dfrac{a_{x-2}}{x}\left(\dfrac{2ma_2}{2}\right)+\left((x-3)\,m-3\right)\dfrac{a_{x-3}}{x}\left(\dfrac{3ma_3}{3}\right) \\ \qquad \ldots\ldots\ldots + \left((x-t)\,m-t\right)\dfrac{a_{x-t}}{x}\left(\dfrac{tma_t}{t}\right) + \& \\ +\left((x-2)m-2\right)\dfrac{a_{x-2}}{x}\left(\dfrac{(m-1)a_1ma_1}{2}\right)+\left((x-3)m-3\right)\dfrac{a_{x-3}}{x}\left(\dfrac{(2m-1)a_2(ma_1)+(m-2)a_1(2ma_2)}{3}\right)+\& \\ \ldots\ldots\ldots\ldots \qquad + \& \end{cases}
$$

$$
=\frac{xma_x}{x} + A_2 + A_3 \ldots\ldots + A_{n+1} \quad + \&
$$

Maintenant le groupe A_2 a pour terme général l'expression $\dfrac{x_1ma_{x_1}}{x_1}\left((x-x_1)m-x_1\right)\dfrac{a_{x-x_1}}{x}$ dans laquelle x_1 reçoit successivement les valeurs $1, 2, 3, \ldots\ x-1$; l'on aura donc

$$
A_2 = \Sigma\, \frac{x_1\ ma_{x_1}}{x_1}\left((x-x_1)\,m-x_1\right)\frac{a_{x-x_1}}{x_1}
$$

en intégrant entre les limites $x_1 = 1$, $x_1 = x$. Le groupe A_3 a pour terme général

$$
\frac{x_2ma_{x_2}}{x_2}\left((x-x_1)\,m-x_1\right)\frac{a_{x-x_1}}{x}\left((x_1-x_2)\,m-x_2\right)\frac{a_{x_1-x_2}}{x_1}
$$

où il faut donner à x_1 toutes les valeurs $x_1 = 2, 3, 4, \ldots\ x-1$; et faire $x_2 = 1, 2, 3, \ldots\ x_1-1$; on trouvera par conséquent

$$
A_3 = \Sigma\ ma_{x_2}\left((x-x_1)\,m-x_1\right)\frac{a_{x-x_1}}{x}\left((x_1-x_2)\,m-x_2\right)\frac{a_{x_1-x_2}}{x_1}
$$

en intégrant entre les limites

$$
x_1 = 2,\ x_1 = x;\ x_2 = 1,\ x_2 = x_1.
$$

Et en général on aura l'équation,

$$
A_{n+1} =
$$

$$
\Sigma\, ma_{x_n}\left((x-x_1)\ m-x_1\right)\frac{a_{x-x_1}}{x}\left((x_1-x_2)\,m-x_2\right)\frac{a_{x_1-x_2}}{x_1}\cdots\left(\left(x_{n-1}-x_n\right)m-x_n\right)\frac{a_{x_{n-1}-x_n}}{x_{n-1}}
$$

où il faut intégrer entre les limites

$$x_1 = u\,,\ x_1 = x\,;\ x_2 = u-1\,,\ x_2 = x_1\,;\ x_3 = u-2\,,\ x_3 = x_2\,;\ \ldots\ldots\ x_u = 1\,,\ x_u = x_{u-1}\,.$$

En exprimant les intégrales définies aux différences par la notation de M.r Fourier, on aura

$$A_{u+1} =$$

$$\sum_{x_1=u}^{x_1=x}\ \sum_{x_2=u-1}^{x_2=x_1}\ldots\sum_{x_u=1}^{x_u=x_{u-1}} ma_{x_u} \left\{ \left(\left(x-x_1\right)m-x_1\right)\frac{a_{x-x_1}}{x}\ \left(\left(x_1-x_2\right)m-x_2\right)\frac{a_{x_1-x_2}}{x_1} \ldots\ldots \left(\left(x_{u-1}-x_u\right)m-x_u\right)\frac{a_{x_{u-1}-x_u}}{x_{u-1}} \right\}$$

mais comme on a

$$\sum_{x_1=u}^{x_1=x}\ \sum_{x_2=u-1}^{x_2=x_1}\ldots\sum_{x_u=1}^{x_u=x_{u-1}} = e^{\sum\limits_{s=1}^{s=u+1} \log. \sum\limits_{x_s=u-s+1}^{x_s=x_{s-1}}},$$

e étant la base des logarithmes hyperboliques, et que l'on a aussi, par la notation de Vandermonde

$$\left(\left(x-x_1\right)m-x_1\right)\frac{a_{x-x_1}}{x}\ \left(\left(x_1-x_2\right)m-x_2\right)\frac{a_{x_1-x_2}}{x_1}\cdots\left(\left(x_{u-1}-x_u\right)m-x_u\right)\frac{a_{x_{u-1}-x_u}}{x_{u-1}}$$

$$=\left[\left(\left(x_{u-1}-x_u\right)m-x_u\right)\frac{a_{x_{u-1}-x_u}}{x_{u-1}}\right]^u$$

on trouvera

$$A_{u+1} = e^{\sum\limits_{s=1}^{s=u+1} \log \sum\limits_{x_s=u-s+1}^{x_s=x_{s-1}}}\ ma_{x_u}\ \left[\left(\left(x_{u-1}-x_u\right)m-x_u\right)\frac{a_{x_{u-1}-x_u}}{x_{u-1}}\right]^u;$$

et puisque

$$y_x = \frac{xma_x}{x} + \sum_{u=1}^{u=x} A_{u+1}\,,$$

on obtiendra enfin

$$(3) \quad \ldots\ldots\ldots, \quad y_x =$$

$$ma_x + \sum_{u=x}^{u=x} e^{\sum_{s=1}^{s=u+1} \log. \sum_{x_s=u-s+1}^{x_s=x_{s-1}} ma_{x_u} \left[\left((x_{u-1}-x_u)m - x_u \right) \frac{a_{x_{u-1}-x_u}}{x_{u-1}} \right]^u},$$

en observant que $x_0 = x$.

On peut encore réduire cette expression à la forme suivante

$$y_x =$$

$$ma_x + m \sum_{u-1}^{u=x} e^{\sum_{s=1}^{s=u+1} \log. \sum_{x_s=u-s+1}^{x_s=x_{s-1}} a_{x_u} e^{\sum_{v=0}^{v=u} \log. \left((x_v - x_{v+1}) m - x_{v+1} \right) \frac{a_{x_v - x_{v+1}}}{x_v}}}$$

en exprimant toujours par e la base des logarithmes hyperboliques, et faisant $x_0 = x$.

On sait qu'étant donnée la série

$$\frac{z}{e^z - 1} = \frac{1}{1 + \frac{z}{1.2} + \frac{z^2}{1.2.3} \ldots\ldots + \frac{z^x}{1.2.3\ldots(x+1)} + \&} = 1 + y_1 z + y_2 z^2 \ldots\ldots + y_x z^x + \&$$

les nombres de Bernoulli seront exprimés par la relation $B_x = 1.2.3.\ldots.(x+1)\, y_{x+1}$.

Si à présent l'on fait dans la formule (3)

$$a_{x_u} = \frac{1}{1.2.3\ldots(x_u+1)} = \frac{1}{[x_u+1]^{x_u+1}};$$

et $m = -1$; on aura

$$B_{x-1} = [x]^x y_x =$$

$$-[x]^x \left\{ \frac{1}{[x+1]^{x+1}} + \sum_{u=1}^{u=x} e^{\sum_{s=1}^{s=u+1} \log. \sum_{x_s=u-s+1}^{x_s=x_{s-1}} \frac{1}{[x_u+1]^{x_u+1}} \left[\frac{1}{[x_{u-1}-x_u+1]^{x_{u-1}-x_u+1}} \right]^u} \right\}$$

$$=1.2.3\ldots x\left\{\begin{array}{l}-\frac{1}{1.2.3\ldots(x+1)}-\frac{1}{1.2.3\ldots x}\left(-\frac{1}{1.2.}\right)-\frac{1}{1.2.3\ldots(x-1)}\left(-\frac{1}{1.2.3}-\frac{1}{1.2}\left(-\frac{1}{1.2}\right)\right)\ldots\\ \qquad\ldots\ldots\ldots\ldots-\frac{1}{1.2}\left(\frac{1}{1.2.3\ldots x}-\&\right).\end{array}\right\}$$

En faisant dans cette expression successivement $x = 1, 2, 3, \&$, on obtiendra les valeurs deja connues

$$B_0 = -\tfrac{1}{2};\ B_1 = 2\left(-\tfrac{1}{6}+\tfrac{1}{4}\right) = \tfrac{1}{6};$$
$$B_2 = 6\left(-\tfrac{1}{24}+\tfrac{1}{12}+\tfrac{1}{12}-\tfrac{1}{8}\right) = 0;\ \&.$$

Cette formule est assez simple, et le calcul numérique, pour chaque cas particulier en est plus aisé, que dans les expressions connues jusqu' à présent : d' ailleurs elle est générale, et fournit même la valeur de $B_0 = -\frac{1}{2}$, que d' autres formules, (celle de La Place par exemple) ne donnent pas : nous l' avons rapportée comme une application très-simple du développement du polynome que nous venons de trouver.

Les nombres de Bernoulli ne sont au fond autre chose que les coefficiens des diverses puissances de la variable dans le développement de $\Sigma\, z^n$, multipliés par des nombres connus : s' il s' agissait de développer la fonction indeterminée $\Sigma\, \varphi\,(z)$ par les puissances ascendantes de z, on aurait un résultat assez simple que nous allons faire connaître.

Etant donné l' équation

$$\phi(z) = e_0 + e_1 z + e_2 z^2 \ldots\ldots + e_x z^x + \&$$

elle se réduit à

$$e^{uz} = 1 + uz + \frac{u^2 z^2}{1.2} \ldots\ldots + \frac{u^x z^x}{1.2.3\ldots x} + \&$$

lorsque $\phi(z) = e^{uz}$, et on aura dans ce cas

$$e_0 = e_1 = u;\ e_2 = \frac{u^2}{1.2};\ \ldots\ldots e_x = \frac{u^x}{1.2.3\ldots x};\ \&.$$

Si l' on fait à présent

$$(4)\ \ldots\ldots\ \Sigma\, \phi(z) = a_1 z + a_2 z^2 \ldots\ldots + a_x z^x + \&,$$

$$\Sigma\, e^{uz} = b_1 z + b_2 z^2 \ldots\ldots + b_x z^x + \&,$$

a_x sera une fonction linéaire des coefficiens e_{x-1}, e_x, e_{x+1}, &, et b_x sera une fonction semblable des coefficiens $\frac{u^{x-1}}{1.2.3\ldots(x-1)}$, $\frac{u^x}{1.2.3\ldots x}$; $\frac{u^{x+1}}{1.2.3\ldots x+1}$; ..... &, et les diverses puissances de u, u^2, u^3, &, resteront indépendantes les unes des autres, de même que les coefficiens e_0, e_1, e_2, ... e_x;

et il ne pourra pas y avoir de réduction, de telle maniere que si l'on connait la valeur de b_x, on trouvera celle de a_x en substituant

$$1.2.3.\ldots x\, e_x = \frac{d^x.\,\Phi(v)}{d\,v^x}$$

(où il faut faire $v=o$ après les différentiations) au lieu de u^x.

Maintenant l'on a $\Sigma\, e^{uz} = \frac{e^{uz}-1}{e^{u}-1}$,

et comme nous avons trouvé précédemment le développement de

$$\frac{1}{e^{u}-1} = \frac{1}{u} + y_1 + y_2\, u + y_3\, u^2 + \&,$$

on aura

$$\Sigma e^{uz} = \left(\frac{1}{u} + y_1 + y_2 u + y_3 u^2 \ldots\ldots + y_x u^{x+1} + \&\right)\left(uz + \frac{u^2 z^2}{1.2} + \frac{u^3 z^3}{1.2.3} \ldots + \frac{u^x z^x}{1.2.3..x} + \&\right)$$

$$= b_1\, z + b_2\, z^2 \ldots\ldots\ldots + b_x\, z^x + \&,$$

et par suite

$$b_x = \frac{u^{x-1}}{1.2.3\ldots x} + \frac{y_1\, u^x}{1.2.3\ldots x} + \frac{y_2\, u^{x+1}}{1.2.3\ldots x} + \&.$$

Si l'on substitue dans cette équation $\frac{d^x.\,\Phi(v)}{dv^x}$ au lieu de u^x, on aura en général

$$a_x = \frac{1}{1.2.3\ldots x}\left(\frac{d^{x-1}.\Phi(v)}{dv^{x-1}} + y_1\,\frac{d^x.\Phi(v)}{dv^x} + y_2\,\frac{d^{x+1}.\Phi(v)}{dv^{x+1}} + \&\right).$$

Ce coefficient peut aussi s'exprimer en termes finis de cette maniere

$$a_x = \frac{1}{1.2.3.\,..x}\left\{\frac{\overline{\dfrac{d\,.\,\Phi(v)}{dv}}^{\,x}}{e^{\frac{d.\Phi(v)}{dv}}-1}\right\},$$

pourvu qu'en développant on change $\left(\frac{d.\phi(\nu)}{d\nu}\right)^p$ en $\frac{d^p.\phi(\nu)}{d\nu^p}$, comme on le fait pour d'autres formules de la même espece. Alors en substituant dans l'équation (4) les valeurs de a_1, a_2, a_3, & exprimées de cette maniere, on aura la formule

$$\Sigma\ \phi(z) = \left(z\ \frac{d.\phi(\nu)}{d\nu} + \frac{z^2}{1.2}\ \overline{\frac{d.\phi(\nu)}{d\nu}}^{\,2} \ldots\ldots + \frac{z^x}{1.2.3\ldots x}\ \overline{\frac{d.\phi(\nu)}{d\nu}}^{\,x} + \&\right)\left\{\frac{1}{e^{\frac{d.\phi(\nu)}{d\nu}} - 1}\right\}$$

$$= \frac{e^{z\frac{d.\phi(\nu)}{d\nu}} - 1}{e^{\frac{d.\phi(\nu)}{d\nu}} - 1},$$

dans laquelle il faut changer $\overline{\frac{d.\phi(\nu)}{d\nu}}^{\,p}$ en $\frac{d.^p\ \phi(\nu)}{d\nu^p}$ aprés avoir développé, et faire $\nu = 0$ apres les différentiations. On pourra développer de la même maniere $\Sigma^2\ \phi(z)$, et en général $\Sigma^n\ \phi(z)$, $\Delta^n\ \phi(z)$, & .

Etant donnée l'equation

$$X = x^n - a_1\ x^{n-1} - a_2\ x^{n-2} \ldots\ldots - a_n = 0,$$

si l'on exprime par P_m la somme des puissances m:mes de ses racines, on aura toujours

$$(5)\ \ldots\ldots\ P_m = a_1\ P_{m-1} + a_2\ P_{m-2}\ \ldots\ldots + m a_m,$$

et par suite

$$P_{m-1} = a_1\ P_{m-2} + a_2\ P_{m-3}\ \ldots\ldots\ldots\ldots + (m-1)\ a_{m-1},$$

$$P_{m-2} = a_1\ P_{m-3} + a_2\ P_{m-4}\ \ldots\ldots\ldots\ldots + (m-2)\ a_{m-2},$$

$$\ldots\ldots\ldots\ldots\ \&,$$

et si l'on substitue ces dernieres valeurs dans l'équation (5) il en résultera la formule

$$P_m = m a_m + (m-1)\ a_{m-1}\ (a_1) + (m-2)\ a_{m-2}\left(a_2 + a_1(a_1)\right)\ldots\ldots + (m-t)\ a_{m-t}\ \beta_t + \&,$$

dans laquelle le coefficient β_t se forme en changeant m en t dans tous les termes précedens, et en négligeant tous les coefficiens numériques externes. Si l'on avait commencé par substituer les valeurs de P_1, P_2, P_3, & dans l'équation (5) on aurait obtenu l' expression

$$P_m = ma_m + a_{m-1}(a_1) + a_{m-2}\Big(2a_2 + a_1(a_1)\Big) + a_{m-3}\Big(3a_3 + a_2(a_1) + a_1\big(a_2 + a_1(a_1)\big)\Big) + \&$$

qui ne differe de la précédente, que par la disposition des termes dont elle se compose.

On doit observer que ces formules sont exactes seulement pour les valeurs entieres et positives de m, et plus grandes que zéro ; et qu' il faut s'arrêter lorsqu' on trouve des coefficiens à indices plus petits que l' unité.

Lorsque $m=0$, on a $P_0=n$, et si m a une valeur négative, on divisera l' équation proposée par $a_n x^n$, et en faisant $\frac{1}{x} = y$, on cherchera la somme des puissances $-m$ dans la nouvelle équation en y qui en résulte.

Si l' on décompose la série qui exprime la valeur de P_m en autant de séries partielles qu' il peut y avoir de facteurs, on aura

$$P_m = \left\{\begin{array}{l} ma_m \\ + (m-1)\, a_{m-1}\ (a_1) + (m-2)\, a_{m-2}\ (a_2) + (m-3)\, a_{m-3}\ (a_3) + \& \\ + (m-2)\, a_{m-2}\ (a_2)(a_1) + (m-3)\, a_{m-3}\ (a_2 a_1 + a_1 a_2) + \& \\ \ldots\ldots\ldots\ldots\ldots + \&, \end{array}\right.$$

et on trouvera aisément, comme on l' a fait pour le polynome,

$$P_m = ma_m + \sum_{x=1}^{x=m} e^{\sum\limits_{s=1}^{s=x+1} \log. \sum\limits_{m_s=x-s+1}^{m_s=m_{s-1}} (m-m_1)\, a_{m_x}} \Big[a_{m_{x-1}-m_x} \Big]^x$$

en supposant toujours $m_0 = m$.

Il est clair que l'on pourra écrire aussi

$$P_m = ma_m + \sum_{x-1}^{x=m} e^{\sum\limits_{s=1}^{s=x+1} \log. \sum\limits_{m_s=x-s+1}^{m_s=m_{s-1}} (m-m_1)\, a_{m_x}\, e^{\sum\limits_{z=0}^{z=x} \log.\ a_{m_z-m_{z+1}}}},$$

et ces deux expressions seront équivalentes. En appliquant cette derniere formule à l' équation

$$\frac{(x^n-1)(x^{n-1}-1)(x^{n-2}-1)\ldots\ldots(x^2-1)(x-1)}{(x-1)} = 0,$$

et en indiquant par $\int(n)$ la somme des diviseurs de n, on aura par la notation de Vandermonde l'expression

$$\int(n) - n =$$

$$n\left\{-\left([n+n-1]^{n}[o]^{-n}-[n+n-2]^{n-1}[o]^{1-n}-[n+n-3]^{n-2}[o]^{2-n}\ldots\pm\left[n+n-\frac{3z^2\pm z}{2}-1\right]^{n-\frac{3z^2\pm z}{2}}[o]^{\frac{3z^2\pm z}{2}-n}\ldots\ \&\right)\right\}$$

$$+(n-1)\left\{-\left([n+n-2]^{n-1}[o]^{1-n}-[n+n-3]^{n-2}[o]^{2-n}-[n+n-4]^{n-3}[o]^{3-n}\ldots,\pm\left[n+n-\frac{3z^2\pm z}{2}-2\right]^{n-\frac{3z^2\pm z}{2}-1}[o]^{\frac{3z^2\pm z}{2}+1-n}\ldots\ \&\right)\right\}\left(-\left([n]^{1}[o]^{-1}-[n-1]^{0}[o]^{-0}\right)\right)$$

$$\ldots\ldots\ldots\ldots\ldots\ldots\ldots\ldots\ldots\ldots$$

$$+(n-u)\left\{-\left([n+n-u-1]^{n-u}[o]^{u-n}-[n+n-u-2]^{n-u-1}[o]^{u-n+1}\ldots\pm\left[n+n-u-\frac{3z^2\pm z}{2}-1\right]^{n-\frac{3z^2\pm z}{2}-u}[o]^{\frac{3z^2\pm z}{2}+u-n}\ \&\right)\right\}A_u$$

$$\ldots\ldots\ldots + \&,$$

dans laquelle la loi des termes est manifeste, puisque le coeffiicent A_u se forme en changeant la seconde n des factorielles en u dans tous les termes qui le précedent, et en faisant $n=u$, dans tous les exposans des factorielles précédentes : pourvu qu' on égale à l' unité tous les coefficiens numériques externes (tels que n, $n-1$, $n-2$, &,) des termes précédens. Ainsi par exemple un terme de la forme $\pm(n-s)\ [n+n-s-1]^{n-s}[o]^{s-n}$, deviendra $\pm\ [n+u-s-1]^{u-s}[o]^{s-u}$. Il est clair que toutes ces séries s' arrêteront lorsque dans un terme quelconque de la forme $[u+A-1]^{A}\ [o]^{-A}$, A sera un nombre entier négatif.

Ainsi par exemple en faisant dans cette formule successivement $n=1$, $n=2$, $n=3$, &, on aura

$$\int(1) = 1 - \left(\overset{1}{[1]}\,\overset{-1}{[0]} - \overset{0}{[0]}\,\overset{-0}{[0]} \right) = 1 - 1 + 1 = 1 ,$$

$$\int(2) = 2 - 2\left(\overset{2}{[3]}\,\overset{-2}{[0]} - \overset{1}{[2]}\,\overset{-1}{[0]} - \overset{1}{[1]}\,\overset{-1}{[0]} \right) + \left(\overset{1}{[2]}\,\overset{-1}{[0]} - \overset{0}{[1]}\,\overset{-0}{[0]} \right)\left(\overset{1}{[2]}\,\overset{-1}{[0]} - \overset{0}{[1]}\,\overset{-0}{[0]} \right)$$

$$= 2 - 2\left(\frac{3.2}{1.2} - 2 - 1 \right) + (2-1)(2-1) = 2 - 0 + 1 = 3.$$

$$\int(3) = 3 - 3\left(\overset{3}{[5]}\,\overset{-3}{[0]} - \overset{2}{[4]}\,\overset{-2}{[0]} - \overset{1}{[3]}\,\overset{-1}{[0]} \right) + 2\left(\overset{2}{[4]}\,\overset{-2}{[0]} - \overset{1}{[3]}\,\overset{-1}{[0]} - \overset{0}{[2]}\,\overset{-0}{[0]} \right)\left(\overset{1}{[3]}\,\overset{-1}{[0]} - \overset{0}{[2]}\,\overset{-0}{[0]} \right)$$

$$+ \left(\overset{1}{[3]}\,\overset{-1}{[0]} - \overset{0}{[2]}\,\overset{-0}{[0]} \right)\left(\overset{2}{[4]}\,\overset{-2}{[0]} - \overset{1}{[3]}\,\overset{-1}{[0]} - \overset{0}{[2]}\,\overset{-0}{[0]} - \left(\overset{1}{[3]}\,\overset{-1}{[0]} - \overset{0}{[2]}\,\overset{-0}{[0]} \right)^2 \right)$$

$$= 3 - 3\left(\frac{5.4.3}{1.2.3} - \frac{4.3}{1.2} - 3 \right) + 2\left(\frac{4.3}{1.2} - 3 - 1 \right)(3-1) + (3-1)\left(\frac{4.3}{1.2} - 3 - 1 - (3-1)^2 \right)$$

$$= 3 - 3\,(10-6-3) + 2\,(6-4)\,2 + 2\,(6-4-4) = 3-3+8-4 = 4.$$

. . . . &.

S' il s' agissait de déterminer les coefficiens d' une équation

$$X = x^n + A_1\, x^{n-1} + A_2\, x^{n-2} \ldots\ldots + A_n = 0 ,$$

dont les racines sont connues, en appellant comme auparavant P_p la somme des puissances p:ines de ses racines on aurait,

$$A_p = -\frac{P_p}{p} - \sum_{x=1}^{x=p} \sum_{s=1}^{s=x+1} \log. \sum_{p_s = x\,s+1}^{p_s = p_{s-1}} e, \left[\frac{-\,!\,P_{p_{x-1}-p_x}}{p_{x-1}} \right]^x$$

Etant proposé d' éliminer y entre les deux équations

$$y^m + e_1 y^{m-1} + e_2 y^{m-2} \ldots\ldots + e_m = 0 ,$$

$$y^n + b_1 y^{n-1} + b_2 y^{n-2} \ldots\ldots + b_n = 0 ,$$

l' équation résultante aprés l' elimination sera celle - ci

$$(6) \ldots 1 + \sum_{t=1}^{t=mu+1} e^{\sum\limits_{s=1}^{s=x+1} \log. \sum\limits_{t_s=x-s+1}^{t_s=t_{s-1}} \left\{ \frac{P_t \, A_{t-1}}{t} + \sum\limits_{x=1}^{x=t} \frac{P_{t_x} \, A_{t_x-1}}{t_x} \, e^{\sum\limits_{z=0}^{z=x} \log. \frac{\left(P_{t_z - t_{z+1}} \, A_{t_z - t_{z+1} - 1} \right)}{t_z}} \right\}} = 0$$

en faisant comme auparavant $t_0 = t$.

Dans cette formule A_v représente le coefficient de z^v dans le développement de la fraction

$$\frac{b_1 + 2b_2 z + 3 b_3 z^2 \ldots\ldots\ldots + n \, b_n \, z^{n-1}}{1 + b_1 z + b_2 z^2 \ldots\ldots\ldots + b_n \, z^n},$$

et P_q exprime la somme des puissances $-q^{mes}$ des racines de l'équation

$$y^m + e_1 y^{m-1} + e_2 y^{m-2} \ldots\ldots + e_m = 0,$$

et comme les valeurs de A_v et de P_q peuvent se déduire des formules que nous avons trouvées précédemment, on substituera ces valeurs dans l'équation (6) et le problème sera résolu completement.

MÉMOIRE

SUR LA THÉORIE DE LA CHALEUR.

Introduction.

Lorsque l'illustre géometre, qui le premier a découvert les lois de la propagation de la chaleur, s'occupa de cette théorie, les physiciens admettaient presque généralement, que le refroidissement des corps, s'opere d'aprés la différence qui passe entre leur température, et celle du milieu environnant. Depuis cette epoque MM:[rs] Dulong et Petit sont parvenus, par des expériences delicates et variées, à découvrir la véritable loi d'aprés laquelle la chaleur se propage à la surface des corps. Cette loi remarquable, et entierement différente de celle que Newton avait énoncée, paraissait devoir exciter l'attention des analystes, et les engager à connaître les modifications qu'elle introduirait dans les résultats du calcul: mais on a dû remarquer, que dans les recherches plus récentes qui ont été publiées sur la théorie de la chaleur, on partait toujours de la loi de Newton.

Losqu'il s'agit de températures peu élevées, on peut supposer sans erreur sensible, que le refroidissement s'opere d'aprés la différence des températures, mais il n'en est pas de même dans le probleme général, et quoique on ait crû que l'erreur ne devenait apréciable qu'à des températures très-élevées, deja à la chaleur de l'eau bouillante, on commet une erreur de presque deux degrés du thermometre centesimal, dans l'équation différentielle qui exprime le mouvement de la chaleur, et cette erreur qui affecte à la fois la valeur de l'inconnue, et la forme sous laquelle elle se trouve dans l'équation différentielle, doit devenir bien plus sensible dans l'intégrale. Il est vrai qu'en partant de la loi découverte par M:[r] Dulong, les équations que l'on obtient ne peuvent plus être intégrées en termes finis, avec les méthodes connues; mais il ne paraît pas toujours permis dans les problemes physiques, de s'écarter de la nature, pour simplifier l'analyse qui sert à les résoudre: et d'ailleurs si une premiere approximation est suffisante pour les inventeurs d'une théorie, il faut que des recherches ulterieures rapprochent d'avantage le calcul de l'espérience. C'est ainsi que Newton ayant découvert le systeme du monde, il a fallu un siecle de recherches pour construire l'édifice dont il avait posé les fondémens.

Dans le mémoire que nous publions à présent, nous nous sommes proposés de déterminer le mouvement linéaire de la chaleur, en partant de la loi du refroidissement découverte par M.r Dulong. On sait que cette loi se compose de deux parties, dont l'une exprime la perte de la chaleur éprouvée par l'effet du rayonnement, et l'autre représente l'action du milieu. Or cette seconde partie est sujette à des variations qu'il est très-difficile de soumettre au calcul: pour y parvenir il faudrait connaître la théorie des mouvemens des fluides élastiques; mais ce problème considéré dans sa généralité surpasse les forces actuelles de l'analyse. On a supposé, pour surmonter cette difficulté, que les corps, dont on voulait connaître les changemens de température, étaient soumis à l'action d'un courant d'air de densité et de température constantes, qui frappait tous les points de leur surface avec une vitesse uniforme; mais il est aisé de voir l'impossibilité de vérifier en nature cette hypothèse, de maniere qu'on ne peut tirer de là aucun résultat comparable à l'expérience. Pour rapprocher autant qu'il est possible la théorie de l'observation, nous avons dû considerer le mouvement linéaire de la chaleur, dans une armille de petite épaisseur renfermée dans un espace vide, dont l'enceinte est maintenue à une température constante. Ce problème conduit à une équation aux différentielles partielles qui n'est plus linéaire, et qui contient la variable principale sous la forme d'exponentielle. Il n'est plus possible dans ce cas d'intégrer directement l'équation trouvée, et il faut recourir aux méthodes d'approximation. On ne connait pas de méthode pour intégrer par approximation les équations aux différentielles partielles: on peut à la verité exprimer leur intégrale en séries, et l'on parvient, à l'aide du théorème de M.r Fourier, à sommer ces séries lorsqu'elles dérivent d'équations linéaires à coefficiens constans; mais lorsque la série est trop compliquée pour pouvoir en obtenir le terme général, il est impossible de juger de sa convergence, et le problème reste sans solution. Nous avons tâché d'appliquer aux équations aux différentielles partielles, la méthode d'approximation dont on se sert pour les équations différentielles ordinaires. On sait, que pour intégrer les équations différentielles qui expriment les mouvemens des corps célestes, on fait usage de la méthode d'approximation successive, à l'aide de laquelle on les réduit à un nombre indéfini d'équations linéaires; mais il arrive que chaque intégration introduit des arcs de cercle qui détruisent l'effet de l'approximation. Les plus grands géomètres ont tâché da vaincre cette difficulté, mais les méthodes qu'ils ont inventées, quoique très-ingenieuses, deviennent souvent impraticables à cause de la longueur excessive des calculs qu'elles demandent. Et d'ailleurs il est très-difficile de s'assurer, que parmi les termes qu'on néglige il n'en existe aucun qui devienne sensible au bout d'un tems très-long: de telle maniere que ces méthodes exigent presqu'autant de sagacité pour les appliquer, qu'il fallait de génie pour les découvrir. Toutes ces difficultés paraissent devoir se retrouver dans les équations aux différentielles partielles; cependant si au lieu d'intégrer completement la première des équations linéaires que nous avons obtenues, pour prendre des intégrales particulières des autres, comme on le fait pour les équations différentielles ordinaires, on commence par prendre des intégrales particulières, des premières équations que l'on veut considérer, et que l'on n'intégre completement que celle à laquelle on veut arrêter l'approximation, on obtiendra le nombre de fonctions arbitraires qui est nécessaire pour satisfaire à toutes les conditions du probleme, et on sera assuré, comme on le démontre directement, de pouvoir éviter toujours les arcs de cercle. Nous avons effectué le calcul que nous venons d'indiquer, sur les deux premieres équations linéaires que fournit le problème, et nous avons trouvé une formule qui se compose de celle que M:r Fourier avait deja donnée, et d'un terme de correction multiplié par une petite quantité. En embrassant un plus grand nombre d'équations, on trouverait la même expression, plus des termes multipliés par les puissances ascendantes de la petite quantité par rapport à laquelle on a developpé. La méthode que nous venons d'exposer, peut s'appliquer à l'intégration par approximation d'une classe assez étendue d'équations aux différentielles partielles; mais ces recherches ne sauraient trouver place ici, et elles formeront le sujet d'un mémoire particulier.

Parmi les nombreux corollaires que M:r Fourier a déduits de son analyse, il en est un fort rémarquable qui prouve, qu'après un tems considérable la démi somme des températures de deux points diamétralement opposés dans l'armille, forme toujours une quantité constante, et égale à la température moyenne. Ce résultat a été confirmé avec assez de precision par l'experience, et il était interessant de voir comment on tirerait la même conséquence de la loi découverte par M:r Dulong. En partant de la température donnée par nôtre formule, nous obtenons le même théorème, et nous démontrons qu'il dérive également de l'hypothèse de Newton, et de la loi observée.

En supposant le refroidissement proportionnel à la différence des températures, on trouve qu'en plongeant l'extrémité d'une barre de petite épaisseur dans une source constante de chaleur, lorsque l'équilibre des températures se sera établi, la distribution de la chaleur dans la barre pourra être exprimée par une courbe logarithmique. Si l'on part de la loi observée, on obtient une équation différentielle qui n'est plus linéaire, mais qui peut cependant s'intégrer, et dont l'intégrale fait voir, que ce n'est que pour des températures très peu elevées, que l'état permanent de la barre peut se représenter par une courbe logarithmique: lorsque la chaleur augmente, cet état dépendra d'une transcendante ellyptique, et en général il séra donné par une transcendante d'un ordre d'autant plus elevé, que la température sera plus grande.

L'intégrale de l'équation différentielle, qui exprime l'état permanent des températures dans une barre très-mince, n' est propre qu' à donner les températures d'une partie de la barre comprise entre deux foyers successifs : cela est évident dans le cas du mouvement linéaire, et tient à ce que l' équation différentielle que l' on a trouvée, ne se vérifie pas aux points qui servent de foyers. Mais lorsqu' il s' agit d' un corps d' une figure quelconque, qui a été échauffé primitivement par plusieurs foyers situés à sa surface ou dans son interieur, il devient difficile de séparer les diverses parties du corps, pour chacune desquelles l' intégrale que la théorie fournit, doit se vérifier, et les limites au delà desquelles elle donnerait une valeur fautive. Le corps se subdivise alors, par rapport à son état calorifique, en d' autres corps dont les surfaces de contact jouissent de la propriété du maximum, ou du minimum de température. La détermination de ces surfaces-limites, conduit à trouver un grand nombre de propriétés importantes dans la théorie de la chaleur, comme nous le montrerons dans une autre occasion.

Losqu' on cherche à connaître le mouvement de la chaleur dans un corps, on exprime la température d' un point donné, en fonction de ses coordonnées, et du tems écoulé; mais pendant que le corps s' échauffe on se refroidit, toutes ses molecules se déplacent, à cause du changement de volume produit par les variations de la température. On a négligé jusqu' à présent, dans la théorie mathématique de la chaleur, les altérations du volume des corps; mais ce phénomène, le plus remarquable et le plus constant de tous ceux qui dépendent de la chaleur, ne nous paraît pas de nature à être négligé. En considérant les dilatations linéaires, nous donnons la formule de correction, qui doit servir à déterminer les cordonnées du point dont on connaît la température par les formules connues.

Nous n' avons traité, dans ce mémoire, que les cas les plus simples de la théorie de la chaleur; mais nous nous proposons de reprendre ce travail dans la suite, et d' appliquer notre analyse à des questions plus compliquées.

Si l'on renferme une armille circulaire homogène de petite epaisseur, dans une sphere creuse, qui ne contienne ni air ni aucune autre espece de gaz, de maniere que le centre de l'armille coincide avec le centre de la sphere, et si le rayon de celle-ci est beaucoup plus grand que le rayon de l'armille, les parois de la sphere étant d'ailleurs entretenues à une température constante quelconque, il résulte du principe de la communication de la chaleur, et de la loi du refroidissement découverte par M.r Dulong, que le mouvement de la chaleur dans l'armille sera exprimé, à très-peu-près, par l'équation

$$\frac{dv}{dt} - \frac{ad^2v}{dx^2} + c\left(p^v - 1\right) = 0,$$

dans laquelle v exprime l'excès la température du point que l'on considere, sur la température de l'enceinte, x représente la distance, comptée sur l'armille même, de ce point à l'origine des coordonnées; t est le tems écoulé depuis que l'armille a abandonné l'etat initial des températures, et p, a, et c sont des constantes dont la premiere à pour valeur $\sqrt[20]{1,165}$, et les deux autres se déterminent par l'expérience dans chaque cas particulier.

En effet, l'équation que M.r Fourier a trouvée, en supposant que le refroidissement s'opère d'après la différence des températures, est de la forme

$$(7) \quad \ldots\ldots\ldots \quad \frac{dv}{dt} - \frac{a\,d^2v}{dx^2} + Cv = 0\,;$$

et en y substituant au lieu de Cv, le terme $c(p^v - 1)$ qui exprime la loi du refroidissement dans le vide, d'aprés les expériences de MM.rs Dulong et Petit, on aura l'équation

$$(8) \quad \ldots\ldots \quad \frac{dv}{dt} - \frac{a\,d^2v}{dx^2} + c\left(p^v - 1\right) = 0,$$

que nous avions déja indiquée.

Avant d'aller plus loin, il convient d'examiner un résultat que l'on a obtenu en faisant $v = e^{-Ct}u$ dans l'équation (7); car par cette substitution elle se transforme dans la suivante

$$\frac{du}{dt} - \frac{ad^2v}{dx^2} = 0,$$

qui est la même équation (7) dans laquelle on a supposé, qu'il n'y avait aucune déperdition de chaleur à la surface ; d'où il résulte que dans l'hypothèse de Newton, le refroidissement qui s'opère à la surface, ne change pas la loi de la distribution de la chaleur. Mais comme il n'est pas possible d'effecteur une réduction semblable sur l'équation (8), qui dérive de la loi observé, il faudra admettre qu'en nature, même dans le mouvement linéaire, la distribution de la chaleur est troublée par l'effet de la déperdition qui a lieu à la surface.

Maintenant si l'on fait *log.* $p=\delta$, l'équation (8) prendra la forme

$$\frac{dv}{dt} - \frac{ad^2v}{dx^2} + c\left(e^{v\delta}-1\right)=0,$$

l'exposant $\delta=\frac{1}{20}\log.\left(\frac{1165}{1000}\right)$ étant une très-petite quantité ; et si l'on développe en série l'exponentielle dans cette équation, on aura

$$\frac{dv}{dt} - \frac{a\,d^2v}{dx^2} + c\delta v + \frac{c\delta^2v^2}{1.2} + \frac{c\delta^3v^3}{1.2.3} + \&=0,$$

et par suite, en faisant $c\delta=b$,

$$\frac{dv}{dt} - \frac{ad^2v}{dx^2} + bv + \frac{b\delta v^2}{1.2} + \frac{b\delta^2v^3}{1.2.3} + \&=0.$$

Si l'on fait à présent

$$v=V+\delta V_1+\delta^2 V_2+\delta^3 V_3+\&,$$

et que l'on substitue cette valeur dans l'équation précédente, en ordonnant le résultat par les puissances ascendantes de δ, on aura

$$(9)\ldots 0=\frac{dV}{dt}-\frac{ad^2V}{dx^2}+bV+\delta\left(\frac{dV_1}{dt}-\frac{ad^2V_1}{dx^2}+bV_1+\frac{bV^2}{1.2}\right)+\delta^2\left(\frac{dV_2}{dt}-\frac{ad^2V_2}{dx^2}+bV_2+bVV_1+\frac{bV^3}{1.2.3}\right)+\&,$$

et en égalant à zéro séparément les coefficiens de chaque puissance de δ, on aura les équations

$$\frac{dV}{dt} - \frac{ad^2V}{dx^2} + bV=0,$$

$$\frac{dV_1}{dt} - \frac{ad^2V_1}{dx^2} + bV_1 + \frac{bV^2}{1.2} =0,$$

$$\frac{dV_2}{dt} - \frac{ad^2V_2}{dx^2} + bV_2 + bVV_1+ \frac{bV^3}{1.2.3} =0,$$

. . . . &;

dont le nombre sera déterminé par l'exposant de la plus grande puissance de δ, que l'on veut considérer.

En intégrant la premiere de ces équations, on obtiendra la valeur de V qui étant substituée dans la seconde équation, servira à déterminer V_1 et ainsi de suite, en introduisant dans la dernière équation les valeurs des inconnues déduites des équations précédentes, on déterminera une nouvelle inconnue.

Mais il faut observer, qu'au lieu de prendre l'intégrale complete de la première équation, pour la substituer dans la seconde, et puis intégrer completement celle-ci, pour substituer encore la valeur de l'inconnue dans la suivante, et ainsi de suite, on pourra exprimer

$$V,\ V_1,\ V_2,\ V_3,\ \ldots\ldots V_{n-1},$$

par des intégrales particulières, et δ^n étant la derniere puissance de δ que l'on veut considérer, il suffira d'intégrer completement l'équation multipliée par δ^n, qui comprendra les différentielles de V_n et les quantités connues $V,\ V_1,\ V_2,\ \ldots\ldots V_{n-1}$; car l'intégrale complete de cette équation, contiendra toutes les fonctions arbitraires, qui sont nécessaires à la risolution générale du problème.

Supposons par exemple que dans l'équation (9) on veuille avoir égard à la premiere puissance de δ seulement, et négliger toutes les autres, on aura les deux équations

$$\frac{dV}{dt} - \frac{ad^2V}{dx^2} + bV = 0,$$

$$\frac{dV_1}{dt} - \frac{ad^2V_1}{dx^2} + bV_1 + \frac{bV^2}{1.2} = 0,$$

dans la première desquelles on prendra une valeur particulière de V, pour la substituer dans la seconde équation, que l'on devra intégrer completement.

Maintenant, on sait que l'on satisfait à l'équation

$$\frac{dV}{dt} - \frac{ad^2V}{dx^2} + bV = 0,$$

en faisant $V = (\cos nx + \sin nx)e^{-(b+an^2)t}$, n étant une constante indeterminée: Si l'on substitue cette valeur de V dans l'équation

$$\frac{dV_1}{dt} - \frac{ad^2V_1}{dx^2} + bV_1 + \frac{bV^2}{1.2} = 0,$$

on aura

$$\frac{dV_1}{dt} - \frac{ad^2V_1}{dx^2} + bV_1 + \frac{b\,e^{-2(b+an^2)t}}{1.2}\left(\cos nx + \sin nx\right)^2 = \frac{dV_1}{dt} - \frac{ad^2V}{dx^2} + bV_1 + \frac{b}{1.2}\left(1 + \sin 2nx\right)e^{-2(b+an^2)t} = 0,$$

et en faisant $V_1 = y\,e^{-2(b+an^2)t} + Z$, ($y$ étant fonction de x seulement, et Z fonction de x et de t) on obtiendra, après avoir divisé par $e^{-2(b+an^2)t}$,

$$2\left(b + an^2\right)y + \frac{ad^2y}{dx^2} - by - \frac{b}{1.2}\left(1 + \sin 2nx\right) - \frac{dZ}{dt} + \frac{ad^2Z}{dx^2} - bZ = 0,$$

et si l'on égale à zéro séparément les termes qui contiennent Z, on aura après les réductions les deux équations

$$\frac{d^2y}{dx^2} + \left(\frac{b}{a} + 2n^2\right) y = \frac{b}{2a}\left(1 + \sin 2nx\right),$$

$$(10) \quad \ldots\ldots\ldots \quad \frac{dZ}{dt} - \frac{ad^2Z}{dx^2} + bZ = 0,$$

dont la premiere a pour intégrale

$$y = \left\{ \begin{array}{l} \left(E_1 + \dfrac{b}{2a\sqrt{\frac{b}{a}+2n^2}} \displaystyle\int dx\left(1+\sin 2nx\right) \sin x\sqrt{\frac{b}{a}+2n^2}\right) \cos x\sqrt{\frac{b}{a}+2n^2} \\ + \left(E_2 - \dfrac{b}{2a\sqrt{\frac{b}{a}+2n^2}} \displaystyle\int dx\left(1+\sin 2nx\right) \cos x\sqrt{\frac{b}{a}+2n^2}\right) \sin x\sqrt{\frac{b}{a}+2n^2} \end{array} \right\}$$

et par suite on obtiendra

$$y = E_1 \cos y\sqrt{\frac{b}{a}+2n^2} + E_2 \sin x\sqrt{\frac{b}{a}+2n^2} - \frac{b}{2a}\left\{\frac{1}{\frac{b}{a}+2n^2} + \frac{\sin 2nx}{\frac{b}{a}-2n^2}\right\}.$$

Si l'on integre à présent l'équation en Z, on aura

$$Z = e^{-(b+ap^2)t}\left(a_p \sin px + b_p \cos px\right),$$

a_p, b_p, et p étant des quantités quelconques; et comme l'équation (10) est linéaire, et ne contient pas de terme indépendant de Z, il s'ensuit qu'elle sera satisfaite par une somme de termes semblables à la valeur de Z que nous avons déja trouvée, pourvu que les constantes a_p, b_p, p, soient différentes. Et par conséquent l'intégrale complete de l'équation (10) sera composée d'une suite infinie de valeurs semblables à celle que nous avons déja obtenue, pourvu que l'on change convenablement les constantes arbitraires.

Maintenant puisque Z contient une infinité de constantes arbitraires; on pourra dans la valeur de y supprimer les deux constantes E_1, E_2, qui ne rendraient pas plus générale l'expression de V_1; alors en faisant $E_1 = E_2 = 0$, on aura une valeur de y qui ne contiendra plus les fonctions $\cos x\sqrt{\frac{b}{a}+2n^2}$; $\sin x\sqrt{\frac{b}{a}+2n^2}$.

Soit r le rayon de l' armille, dans laquelle on suppose que la chaleur se propage, sa circonference sera $2\pi r$, et il est clair qu' en exprimant par v la température d' un point dont la distance à l' origine est x, la valeur de v ne devra pas changer, lorsque dans la formule qui exprime v on mettra $x+2\pi r$, à la place de x; par conséquent il faudra faire dans les valeurs de V et de V_1, $n=\frac{m}{r}$; $p=\frac{s}{r}$; m et s étant deux nombres entiers positifs quelconques; l' on aura donc, en négligeant les puissances supérieures de δ,

$$v=V+\delta V_1=V+\delta\left(ye^{-2(ban^2)t}+Z\right)$$

$$=e^{-\left(b+\frac{am^2}{r^2}\right)t}\left(\cos\frac{mx}{r}+\sin\frac{mx}{r}\right)+\delta\sum_{s=0}^{s=\infty}e^{-\left(b+\frac{as^2}{r^2}\right)t}\left(a_s\sin\frac{sx}{r}+b_s\cos\frac{sx}{r}\right)$$

$$-\frac{\delta b}{2a}\left(\frac{1}{\frac{b}{a}+\frac{2m^2}{r^2}}+\frac{\sin\frac{2mx}{r}}{\frac{b}{a}-\frac{2m^2}{r^2}}\right)e^{-2\left(b+\frac{am^2}{r^2}\right)t}$$

mais le premier terme $e^{-\left(b+\frac{am^2}{r^2}\right)t}\left(\cos\frac{mx}{r}+\sin\frac{mx}{r}\right)$ de cette formule pourra être compris sous le signe Σ, puisque la valeur de m devra être comprise parmi celles de s; et en faisant $\delta a_s=A_s$; et $\delta b_s=B_s$, on aura

$$(11)\ldots v=\sum_{s=0}^{s=\infty}e^{-\left(b+\frac{as^2}{r^2}\right)t}\left(A_s\sin\frac{sx}{r}+B_s\cos\frac{sx}{r}\right)-\frac{\delta b}{2a}\left(\frac{1}{\frac{b}{a}+\frac{2m^2}{r^2}}+\frac{\sin\frac{2mx}{r}}{\frac{b}{a}-\frac{2m^2}{r^2}}\right)e^{-2\left(b+\frac{am^2}{r^2}\right)t};$$

et cette formule exprimera le mouvement de la chaleur dans l' armille: pour determiner la fonction arbitraire ou, ce qui revient au même, le série des termes

$$A_1,\ A_2,\ A_3,\ \ldots\ldots\ A_s,\ \&,$$
$$B_1,\ B_2,\ B_3,\ \ldots\ldots\ B_s,\ \&,$$

on devra faire $t=0$, et on aura v égal à la température initiale, que nous exprimerons par la fonction $f(x)$, et qui étant développée en série, suivant les sinus et cosinus des multiples de l'arc $\frac{x}{r}$, servira pour déterminer les coefficiens.

Si dans la formule (11) on fait $c=0$, on obtiendra l'expression que M.r Fourier a trouvée le premier en partant de l'hypothèse de Newton. Pour déterminer m, on devra prendre le nombre entier le plus petit qui ne satisfait pas à l'équation

$$\frac{b}{a} \pm \frac{2m^2}{r^2} = 0,$$

puisqu'on aura de cette maniere la valeur la plus approchée, et on sera assuré de ne pas rencontrer des arcs de cercle qui détruiraient l'effet de l'approximation. Lorsque les conditions du problème permettront de faire $m=0$, le terme de correction, pour la premiere approximation, se réduira à $-\frac{\delta}{2} e^{-2bt}$, et on trouvera que ce terme est indépendant des coordonnées, et qu'il ne dépend que du tems.

On a vû qu'en faisant $E_1 = E_2 = 0$, on obtenait

$$y = \frac{b}{2a\sqrt{\frac{b}{a}+2n^2}} \left\{ \begin{array}{l} \left(\cos x\sqrt{2n^2+\frac{b}{a}} \int dx\left(1+\sin 2nx\right) \sin x\sqrt{2n^2+\frac{b}{a}}\right. \\ \left. -\sin x\sqrt{2n^2+\frac{b}{a}} \int dx\left(1+\sin 2nx\right) \cos x\sqrt{2n^2+\frac{b}{a}}\right) \end{array} \right\}$$

$$= \frac{-b}{2a} \left\{ \frac{1}{\frac{b}{a}+2n^2} + \frac{\sin 2nx}{\frac{b}{a}-2n^2} \right\}$$

de maniere que les fonctions $\cos x\sqrt{\frac{b}{a}+2n^2}$; $\sin x\sqrt{\frac{b}{a}+2n^2}$; s'evanouissaient d'elles mêmes dans le calcul: il était nécessaire que cette réduction pût s'effectuer, autrement la température v ne serait pas restée la même en changeant x en $x+2\pi r$, dans la formule qui la représente. Cependant cette réduction, qui a parû un résultat de calcul, aura toujours lieu quelque soit le nombre des puissances de δ que l'on considere; en effet on a toujours l'équation

$$\cos ax \int dx\, \varphi(x) \sin ax - \sin ax \int dx\, \varphi(x) \cos ax$$

$$= -\frac{\varphi x}{a} - \frac{1}{a^2}\left(\cos ax \int dx \sin ax \frac{d^2.\varphi(x)}{dx^2} - \sin ax \int dx \cos ax \frac{d^2.\varphi(x)}{dx^2}\right)$$

$$= \frac{(-1)^p}{a^{2p}}\left(\cos ax \int dx \frac{d^{2p}.\varphi(x)}{dx^{2p}}.\sin ax - \sin ax \int dx \frac{d^{2p}.\varphi(x)}{dx^{2p}}.\cos ax\right)$$

$$-\frac{\varphi(x)}{a} + \frac{d^2.\varphi(x)}{a^3 dx^2} - \frac{d^4.\varphi(x)}{a^5 dx^4} \ldots + \frac{(-1)^p}{a^{2p-1}} \frac{d^{2p-2}.\varphi(x)}{dx^{2p-2}};$$

qui montre, que si entre $\varphi(x)$, et $\frac{d^{2p}.\varphi(x)}{dx^{2p}}$ on peut avoir une équation de la forme $M\varphi(x) = \frac{d^{2p}.\varphi(x)}{dx^{2p}}$, M étant une quantité constante, on pourra toujours avoir

$$(12) \ldots\ldots\ldots\ldots \cos ax \int dx\, \varphi(x) \sin ax - \sin ax \int dx\, \varphi(x) \cos ax$$

$$= \left(\frac{1}{1 - \frac{(-1)^p M}{a^{2p}}}\right)\left(-\frac{\varphi(x)}{a} + \frac{d^2.\varphi(z)}{a^3 dx^2} \ldots + \frac{(-1)^p}{a^{2p-1}} \frac{d^{2p-2}.\varphi(x)}{dx^{2p-2}}\right),$$

et l'on voit que le second membre ne contiendra ni $\cos ax$, ni $\sin ax$. Il est clair que si $\varphi(x) = A \sin mx + B \cos mx$, on pourra établir l'équation $\frac{d^2.\varphi(x)}{dx^2} = -m^2\varphi(x)$, et par conséquent l'on obtiendra la valeur de l'intégrale (12) délivrée de $\sin ax$, et de $\cos ax$; la même chose arrivera en général lorsque $\varphi(x)$ sera de la forme

$$A_1 \sin m_1 x + A_2 \sin m_2 x \ldots\ldots + A_t \sin m_t x + \&,$$
$$+ B_1 \cos m_1 x + B_2 \cos m_2 x \ldots\ldots + B_t \cos m_t x + \&,$$

et lorsqu'on aura

$$\varphi(x) = a + bx + cx^2 + dx^3 \ldots\ldots + ex^n;$$

et dans quelques autres cas.

Maintenant puisque les valeurs particuliers de V, V_1, V_2, &, peuvent toujours s' exprimer par des fonctions de la forme

$$e^{-lt}\left\{\begin{array}{l} P_1 \sin n_1x + P_2 \sin n_2x \;.\;.\;.\;.\;.\;.\;. + P_q \sin n_q x \\ + Q_1 \cos n_1x + Q_2 \cos n_2x \;.\;.\;.\;.\;.\;.\;. + Q_q \sin n_q x \end{array}\right\}$$

on sera toujours assuré, que les sinus et cosinus des arcs irrationnels ne se trouveront pas dans l' intégrale complète, quelque soit le nombre des puissances de δ que l' on voudra considérer.

Il faut observer que si l' on avait $(-1)^p\, M - a^{2p} = 0$, le second membre de l'équation (12) aurait une valeur infinie: on rencontrerait cette circostance si l'un des nombres n_1, n_2, n_3, . . . n_q & compris dans les valeurs de V, V_1, V_2, & était égal à a; alors en reprenant le calcul, on trouverait, après les réductions, un terme de la forme $Nx \sin n_q x$, qui contiendrait l'arc de cercle x, et qui rendrait nul, dans le cas que nous considérons, l' effet de l' approximation: mais il est clair que le nombre m de la formule (11) pourra toujours être déterminé de maniere que cela n' arrive pas, et il suffira, à cet effet, que le dénominateur ne soit pas zéro, comme nous l' avons déja indiqué.

La formule (12) exige, pour être appliquée facilement, que la fonction $\varphi(x)$ puisse se réduire à une suite finie de monomes composés d' un seul facteur: cependant en poussant fort loin l' approximation, et en calculant un grand nombre de termes de la série $V + \delta V_1 + \delta^2 V_2 + \&$; on aurait en général

$$\varphi(x) = \left\{\begin{array}{l} A \cos a_1 \cos a_2 \cos a_3 \ldots \cos a_n \;.\; \sin b_1 \sin b_2 \ldots \sin b_m \\ + A_1 \cos c_1 \cos c_2 \cos c_3 \ldots \cos c_p \;.\; \sin d_1 \sin d_2 \ldots \sin d_r \\ \;.\;.\;.\;.\;.\;.\;.\;.\;.\;.\;.\;.\;.\;.\; \& \end{array}\right\};$$

pour operer les réductions nécessaires dans cette formule, on pourra faire usage de l' équation

$$\cos a_1 \cos a_2 \cos a_3 \ldots \cos a_n$$

$$= \frac{1}{2^{n-1}}\left\{\cos q + \mathrm{S}.\cos\left(q - a_y\right) + \mathrm{SS}.\cos\left(q - a_y - a_z\right) + \mathrm{SSS}.\cos\left(q - a_y - a_z - a_u\right) + \&\right\}$$

dans laquelle les arcs a_1, a_2, a_3 . . . . . . a_n sont tous différens entre eux et donnent

$a_1 + a_2 + a_3 \ldots\ldots + a_n = q$; en indiquant par $\mathbf{S}.\cos\left(q - a_y\right)$, la somme de tous les termes de la forme $\cos\left(q - a_y\right)$, où l'on a fait succéssivement $y = 1.2.3\ldots n$; en représentant par $\mathbf{SS}.\cos\left(q - a_y - a_z\right)$, la somme de tous les termes de la forme $\cos\left(q - a_y - a_z\right)$, où l'on a fait d'abord $y = 1.2.3\ldots\ldots n$; et puis $z = 1.2.3\ldots\ldots n$; pourvu que l'on néglige tous les termes dans lesquels on aurait $y = z$; et ainsi de suite jusqu'au dernier terme qui contiendra un nombre de $\mathbf{S}$ égal au plus grand nombre entier compris dans la fraction $\frac{n+1}{2}$. En différenciant cette formule par rapport à a_1, a_2, a_3, &, on obtiendrait des expressions semblables pour le produit d'un nombre quelconque de sinus et de cosinus.

M:r Fourier en adoptant la loi de Newton a trouvé, que la demi-somme des températures de deux points de l'armille situés aux extremités d'un diametre quelconque, forment toujours, au bout d'un tems très-long, une quantité constante, et égale à la température moyenne de l'armille. Maintenant, puisque ce résultat a été confirmé par l'expérience, il est clair qu'il devra se déduire encore de la loi du refroidissement découverte par MM:rs Dulong et Petit. En effet, en reprenant la valeur de v trouvée précédemment (11), et en y supposant t très-grand, on devra considérer seulement deux especes de termes: ceux dans lesquels on a $s = 0$, et ceux qui résultent de $s = 1$: c'est à dire les termes multipliés par e^{-bt}, et par $e^{-(b + \frac{a}{r^2})t}$; puisque tous les autres qui contiennent quelques uns des facteurs $e^{-2(b + a\frac{m^2}{r^2})t}$, $e^{-(b + 4\frac{a}{r^2})t}$, &, sont trop petits (dans l'hypothèse de t très-grand) pour être comparés à ceux-ci. Alors la valeur de v se réduira à la forme

$$v = B_0 e^{-bt} + A_1 e^{-(b + \frac{a}{r^2})t} \sin\frac{x}{r} + B_1 e^{-(b + \frac{a}{r^2})t} \cos\frac{x}{r}.$$

et il est clair que si dans cette équation on substitue $x + \pi r$, au lieu de x, on aura la température v_1, du point de l'armille diametralement opposé à celui dont la distance à l'origine est x, exprimée de cette maniere

$$\nu_1 = B_0 e^{-bt} - A_1 e^{-(b+\frac{a}{r^2})t} \sin\frac{x}{r} - B_1 e^{-(b+\frac{a}{r^2})t} \cos\frac{x}{r}\ ;$$

et partant

$$\frac{\nu+\nu_1}{2} = B_0 e^{-bt}.$$

Si dans la formule (11) on substitue pour b sa valeur $c\delta$, on trouvera, que l'expression de M.r Fourier contient seulement la première puissance de δ, et que la nôtre renferme aussi δ^2. Avec notre méthode, on pourra pousser l'approximation aussi loin que l'on voudra, sans crainte de rencontrer jamais des arcs de cercle qui la rendraient nulle; et on pourra toujours déterminer les constantes arbitraires (que l'on trouve en prenant des intégrales particulières des premières équations différentielles, pour les substituer dans celles qui suivent) de maniere que tous les termes aillent toujours en décroissant, et qu'aucun dénominateur ne s'evanouisse; comme nous l'avons fait dans l'analyse précédente.

On sait que l'équilibre des températures dans une armille, dont un point est soumis à une température constante, est donné lorsqu'on adopte la loi de Newton, par l'équation

$$\frac{d^2\nu}{dx^2} = n^2\nu,$$

dont l'intégrale est $\nu = Ae^{-nx} + A_1e^{nx}$; A, et A_1 étant deux constantes arbitraires. En partant de la loi de M.r Dulong, on obtient, pour l'équilibre des températures dans le vide, l'équation

$$\frac{d^2\nu}{dx^2} = a\left(e^{\delta\nu}-1\right),$$

qui a pour intégrale

$$x = \int \frac{d\nu}{\sqrt{2a\left(\frac{e^{\delta\nu}}{\delta}-\nu\right)+C-\frac{2a}{\delta}}} + C_1\ ;$$

C, et C_1 étant deux nouvelles constantes arbitraires. Lorsque ν est une petite quantité, on peut supposer sans erreur sensible

$$x = \int \frac{dv}{\sqrt{C + a\delta v^2}} + C_1 = \frac{1}{\sqrt{a\delta}} \log. \left(v\sqrt{\frac{a\delta}{C}} + \sqrt{1 + \frac{a\delta v^2}{C}} \right) + C_1 ,$$

et en faisant $C_1 \sqrt{a\delta} = \log. E$; $a\delta = n^2$; et réduisant, on aura

$$\left(\frac{e^{nx}}{E} - \frac{nv}{\sqrt{C}} \right)^2 = 1 + \frac{n^2 v^2}{C} = \frac{e^{2nx}}{E^2} - 2 \frac{2ne^{nx}}{E\sqrt{C}} + \frac{n^2 v^2}{C} ,$$

et par suite

$$v = \frac{e^{nx}\sqrt{C}}{2nE} - \frac{E\sqrt{C}}{2ne^{nx}} = A\, e^{nx} + A_1\, e^{-nx} ;$$

en faisant $A = \frac{\sqrt{C}}{2nE}$; $A_1 = -\frac{E\sqrt{C}}{2n}$; et comme v est égal à la température t du point que l' on considere, moins la température T de l' enceinte, on obtiendra enfin l' équation

$$t = Ae^{nx} + A_1\, e^{-nx} + T :$$

qui dans le cas de $T = 0$, coincide avec celle que nous avions deja trouvée, en supposant le refroidissement proportionnel à la différence des températures.

Si l' on considere une barre indéfinie très-mince, et que l' on suppose un foyer de température constante placé sur cette barre à l' origine des coordonnées, lorsque l' équilibre des températures se sera etabli, cet état sera représenté par l' équation $\frac{d^2 v}{dx^2} = n^2 v$, pourvu que la température v soit assez petite pour pouvoir négliger, dans le développement de $e^{\delta v}$, les puissances de δv superieures à la premiere : maintenant on sait que l' intégrale de l' équation précédente est $v = Ce^{nx} + C_1\, e^{-nx}$: mais comme d' ailleurs l' état permanent de la barre est exprimé depuis $x = -\infty$, jusqu' à $x = +\infty$, par l' équation

$$v = C_2 \left(\frac{2}{\pi} \int_0^\infty \frac{dq \sin qx}{1 + q^2} \right)^n ,$$

et que quelque valeur que l' on attribue aux constantes, ces deux expressions de v ne peuvent jamais coincider, il en résulterait que l'intégrale de l'equation $\frac{d^2v}{dx^2} = n^2v$, qui est linéaire, pourrait se former de la somme des deux valeurs de v que nous venons de rapporter, et contiendrait trois constantes arbitraires. Pour expliquer ce paradoxe il est necessaire d'observer, que l'équation $\frac{d^2v}{dx^2} = n^2v$, n'exprime l'état permanent de la barre, que dans les points qui permettent un flux de chaleur du point qui précede immediatement celui que l'on considere, à celui-ci, et de celui-ci, à l'autre que le suit immediatement; tandis que le foyer, que nous avons placé à l'origine des coordonnées, envoye un flux continuel de chaleur à tous les points de la barre qui sont situés à sa droite et à sa gauche. Le même résultat se déduirait de la considération de la figure, qui exprime les valeurs des températures pour chaque point de la barre, et dont l'équation est

$$y = C_2 \left(\frac{2}{\pi} \int_0^\infty \frac{dq \sin qx}{1+q^2} \right)^n;$$

car pour $x=0$, au lieu de donner $\frac{d^2y}{dx^2} = n^2C_2$, comme cette courbe devrait faire si elle satisfaisait dans tous ses points à l'équation $\frac{d^2y}{dx^2} = n^2y$, on voit, par la construction, qu'elle donne $\frac{d^2y}{dx^2} = \infty$; car la courbe dont nous parlons est formée de deux demi-logarithmiques égales, qui se reunissent de manière à avoir leur tangente commune au point de contact, perpendiculaire à l'axe des abscisses. Les mêmes considérations s'appliquent à une barre dont plusieurs points sont entretenus à des températures constantes: elle sont très-simples, mais nous avons cru pouvoir les placer ici, comme étant propres à limiter l'étendue que l'on serait tenté d'attribuer aux équations différentielles du mouvement de la chaleur, ou à leurs intégrales. Il faudra surtout y avoir égard, lorsqu'on voudra connaître l'état calorifique d'un corps, dont un ou plusieurs points pris interieurement ou à sa surface sont supposés des foyers de températures invariables.

Une autre observation que nous croyons ne pas devoir omettre, c'est que lorsque dans l'armille circulaire, que nous avons considérée, nous sommes partis de la propriété connue, que la température du point x devait être égale à celle du point dont la distance à l'origine est $x+2\pi r$, pour déterminer la forme des fonctions circulaires comprises dans l'intégrale, nous l'avons fait en suivant l'exemple des illustres géomètres qui nous ont précédés dans ce genre de recherches. Cependant il paraît, qu'au lieu de partir de cette considération auxiliaire, on aurait dû déterminer les coefficiens de l'arc x d'après l'équation qui exprime la figure de l' armille, et l'irradiation qui se fait intérieurement entre les diverses parties de l' anneau; irradiation qui est modifiée, comme l' on sait, d' après la courbure intérieure de l' armille. Ceci deviendrait surtout évident, si l' on devait déterminer le mouvement de la chaleur sur une surface cylindrique creuse.

Enfin il faut remarquer, que la théorie mathématique de la chaleur a pour but de trouver à chaque instant, la température d' un point quelconque, d' après les conditions initiales du problème, et la figure du corps que l' on considere. Cependant, dans la solution de ce problème, on suppose toujours, que les coordonnées du point en question n' ont point changé, pendant que le corps s' est échauffé on refroidi; quoiqu' il soit certain que ce point a changé de position, d' après l' augmentation ou la diminution de volume que le corps a soufferte par l' action de la chaleur. En opérant de cette manière, on trouve la température d' une molécule matérielle exprimée, en fonction des coordonnées du point qu' elle occupait dans l' espace au commencement du phenomène, et du tems écoulé depuis la cessation de l'état initial: pour corriger les formules que l'on a obtenues, il faut connaître la loi d' après laquelle les corps se dilatent par l' effet de la chaleur. Si l' on suppose les dilatations linéaires élémentaires, proportionnelles aux accroissement de la température, ce qui paraît toujours permis, du moins entre certaines limites de l' echelle thermométrique, on trouvera que le point, qu, lors q ue la température du corps était zéro, avait x pour distance à l' origine des coordonnées, sera éloigné de l' origine de la quantité $x_1 = \int dx \left(1 + \alpha v\right)$; v étant donné en fonction de x et de t; et le coefficient α étant donné dans chaque cas par l' expérience — Mais ceci n' est qu' un aperçu que nous reprendrons dans une autre circonstance.

MÉMOIRE

SUR LES FONCTIONS DISCONTINUES.

Introduction.

La question de la discontinuité des fonctions arbitraires, qui complètent les intégrales des équations aux différentielles partielles, agitée d'abord entre Daniel Bernoulli, Euler, et D'Alembert, et discutée depuis par les plus grands géomètres, paraît avoir été résolue par M.r Fourier qui a montré le premier comment l'on pouvait déterminer, dans chaque cas particulier, les fonctions arbitraires, de manière à satisfaire aux conditions initiales du problème, même lorsque celles-ci n'obéissent pas aux lois de continuité. Les formules que cet illustre géomètre a trouvées sont propres à exprimer une fonction discontinue quelconque, dont les diverses parties, comprises entre des limites données de la variable, suivent une marche dissemblable, et sont représentées par des expressions différentes. Dans ces formules, les valeurs que la fonction doit prendre dans chaque cas, et les conditions de discontinuité, sont combinées implicitement: cependant il nous a parû, que l'on pouvait toujours concevoir une fonction discontinue, comme étant égale à la somme d'un nombre donné de fonctions, chacune desquelles a une valeur continue entre deux limites connues, et qui s'évanouit hors de ces limites: dès lors tout se réduit à trouver une fonction, qui donne une valeur constante entre deux limites données de la variable, et qui se réduise à zéro pour toutes les autres valeurs de la même variable; car en multipliant cette fonction, qui exprime la condition de discontinuité, par la fonction connue qui donne les valeurs que la formule doit prendre entre deux limites assignées, on aura l'expression cherchée entre les mêmes limites, et on parviendra à représenter, par une somme d'expressions semblables, la valeur de la fonction discontinue pour des valeurs quelconques de la variable. Cependant on voit, que par cette méthode on obtiendrait pour les limites, des valeurs qui séraient égales à la somme de celles que l'on aurait, en considérant ces limites comme appartenant successivement à chacune des fonetions qui y viennent aboutir.

En discutant les diverses valeurs que prennent quelques intégrales définies, lorsqu'on fait varier les constantes qu'elles renferment, nous sommes aisément parvenus à trouver des formules, qui ont une valeur constante entre deux limites données et qui hors de ces limites s' évanouissent toujours. Ces formules cependant ne donnent pour les limites, que la moitié de la valeur constante qu' elles ont entre ces mêmes limites; de manière que si la fonction discontinue qu' il s' agit de représenter est un polygone, on obtiendra, pour l' ordonnée de chaque sommet, la demi-somme des ordonnées qu' auraient dans ce point les deux côtés qui viennent s' y couper, et on trouvera dans ce cas seulement une valeur exacte aux limites. Mais on peut obtenir d' autres expressions dont la valeur soit toujours exacte aux limites, ou qui même devienne égale à une quantité quelconque; et nous montrons comment on peut les trouver.

Il résulte de là, que selon que pour exprimer les conditions de discontinuité, on aura fait usage d' une formule qui est exacte aux limites, ou d' une qui ne l' est pas, on obtiendra, après avoir multiplié par la fonction qui doit donner les valeurs, une formule qui représentera exactement la valeur de la fonction discontinue, même aux limites, dans le premier cas, et qui ne sera pas exacte dans le second. Celà nous a fait soupçonner, que comme, dans les formules que l' on avait trouvées en traitant les différens cas de la discontinuité des fonctions, on avait toujours réuni implicitement la fonction qui donne la valeur en général, à celle qui exprime la condition di discontinuité, sans discuter la valeur de celle-ci aux limites, et sans séparer en facteurs ces deux fonctions, il avait pû arriver de faire usage dans quelques cas d' une formule de discontinuité qui n' était pas exacte aux limites. En effet en cherchant à vérifier notre supposition sur quelques exemples de fonctions discontinues discutées par les géomètres qui se sont occupés de la théorie de la chaleur, nous avons trouvé, pour quelques unes de ces formules, la moitié de la valeur qu' elles devaient avoir aux limites: d' autres expressions, qui représentaient deux portions de courbe qui se coupent aux limites, nous ont donné pour ces points des valeurs exactes, cemme cela devait arriver d' aprés notre analyse. Nous avons appliqué les mêmes considérations à quelques séries que l' on savait représenter des fonctions discontinues; et dans quelques cas nous avons trouvé aux limites la moitié de la valeur cherchée; mais dans d' autres exemples, ayant rencontré des valeurs qui n' étaient pas la demi-somme de celles qu' avait la fonction très-près des limites, nous avons reconnu par là, que sans avoir discuté dans chaque formule la marche de la fonction qui exprime la condition de discontinuité, il est impossible d' assigner *à priori* d' une maniere générale les valeurs des limites, et qu' il faut toujours les vérifier *à posteriori*.

Tout ce que nous venons de dire sur les valeurs que les fonctions discontinues prennent aux limites, tient specialement à l' analyse pure; ces considérations seraient utiles dans les applications, si l' on pouvait supposer que les lois physiques restent les mêmes aux limites, lorsque les fonctions qui expriment les conditions initiales du problème changent brusquement de nature; mais cette hypothèse est très-peu vraisemblable, et n' est pas confirmée par les observations.

Toutes les formules que l'on avait trouvées jusqu'à présent, pour exprimer les fonctions discontinues, contenaient des séries infinies, ou des intégrales définies, et l'on supposait qu'elles formaient une classe de transcendantes particulières: cependant en considérant les diverses valeurs des formules qui se présentent sous la forme $\frac{0}{0}$, on peut parvenir à représenter les fonctions discontinues en général, par des expressions qui ne contiennent que des fonctions logarithmiques et circulaires. Nous donnons pour exemple une de ces formules; et en l'applicant à quelques cas particuliers, nous en déduisons des conséquences assez singulieres. Ces expressions peuvent servir dans la détermination des valeurs des intégrales définies, et sont d'un grand usage dans la théorie des fonctions entières, comme nous esperons le montrer dans la suite de ces mémoires.

Analyse.

On sait que l'intégrale définie $A = \int_0^\infty \frac{dq \sin qx}{q}$ a pour valeur $\frac{\pi}{2}$, tant que x demeure positif et plus grand que zéro; et c'est dans ce sens qu'il faut entendre l'expression des géomètres, que la valeur de cette intégrale est indépendante de x; car lorsque $x=0$, on trouve $A=0$; et en faisant x negatif on obtient $A= -\frac{\pi}{2}$. Il résulte de là que l'intégrale définie

$$B = \int_0^\infty \frac{dq \sin bq \cos qx}{q} = \frac{1}{2}\int_0^\infty \frac{dq \sin (b+x) q}{q} + \frac{1}{2}\int_0^\infty \frac{dq \sin (b-x) q}{q},$$

a pour valeur $\frac{\pi}{2}$ lorsque x a une valeur quelconque comprise entre $x = -b$, $x = +b$; que pour $x = \pm b$, on trouve $B = \frac{\pi}{4}$; et que depuis $x=b$, jusqu'à $x=\infty$, et depuis $x = -b$, jusqu'à $x = -\infty$, on obtient $B=0$. On voit par conséquent que la formule

$$C = \frac{\pi}{2} + \int_0^\infty \frac{dq \sin qx}{q}$$

a pour valeur zéro, depuis $x=o$, jusqu'à $x=-\infty$; que pour $x=o$, elle donne $C=\frac{\pi}{2}$ et que pour toutes les valeurs positives de x, on a $C=\pi$. De même la formule

$$D=\int_0^\infty \frac{dq \sin bq \cos(x-a-b)q}{q},$$

fournira $D=o$, depuis $x=a$, jusqu'à $x=-\infty$, et depuis $x=a+2b$, jusqu'à $x=\infty$; pour $x=a$, et pour $x=a+2b$, on obtiendra $D=\frac{\pi}{4}$; et $D=\frac{\pi}{2}$, depuis $x=a$ jusqu'à $x=a+2b$. Maintenant si l'on multiplie l'intégrale D par le fonction $\frac{2}{\pi}\varphi(x)$; on aura l'expression

$$E=\frac{2}{\pi}\varphi(x)\int_0^\infty \frac{dq \sin \frac{bq}{2}.\cos\left(x-a-\frac{b}{2}\right)q}{q},$$

qui aura pour valeur zéro, depuis $x=a$, jusqu'à $x=-\infty$; et depuis $x=b$ jusqu'à $x=\infty$; qui depuis $x=a$, jusqu'à $x=a+b$, exprimera exactement la fonction $\varphi(x)$, excepté pour les deux limites $x=a$, $x=a+b$, pour lequelles on aura $E=\frac{\varphi(a)}{2}$, $E=\frac{\varphi(a+b)}{2}$. En faisant les mêmes considérations sur la formule

$$\frac{2}{\pi}\varphi_1(x)\int_0^\infty \frac{dq \sin \frac{cq}{2}.\cos\left(x-a-\frac{b}{2}-\frac{c}{2}\right)q}{q},$$

on trouvera des résultats semblables; et pourtant l'expression

$$F=\frac{2}{\pi}\varphi(x)\int_0^\infty \frac{dq \sin \frac{bq}{2}\cos\left(x-a-\frac{b}{2}\right)q}{q}+\frac{2}{\pi}\varphi_1(x)\int_0^\infty \frac{dq \sin \frac{cq}{2}.\cos\left(x-a-\frac{b}{2}-\frac{c}{2}\right)q}{q}$$

deviendra nulle depuis $x=a$, jusqu'à $x=-\infty$, et depuis $x=a+b+c$ jusqu'à $x=\infty$; et donnera $F=\frac{\varphi(a)}{2}$, pour $x=a$, et $F=\frac{\varphi_1(a+b+c)}{2}$ pour $x=a+b+c$; et

$F = \frac{\varphi(a+b) + \varphi_1(a+b)}{2}$, pour $x=a+b$, et coïncidera avec la fonction $\varphi(x)$ depuis $x=a$ jusqu'à $x=a+b$; et avec la fonction $\varphi_1(x)$, depuis $x=a+b$ jusqu'à $x=a+b+c$.

Si les deux fonctions $\varphi(x)$, $\varphi_1(x)$, sont telles, qu'elles puissent représenter deux portions de deux courbes qui se coupent lorsque $x=a+b$, on aura pour le point d'intersection $\varphi(a+b) = \varphi_1(a+b)$; et pourtant la formule F sera exacte même pour la valeur $x=a+b$, puisque dans ce cas $F = \frac{\varphi(a+b) + \varphi_1(a+b)}{2} = \varphi(a+b)$. L'on voit par là que les formules précédentes peuvent servir à représenter le contour d'un polygone dont les côtés sont des courbes quelconques : ce qu'on ne saurait faire si nos expressions donnaient pour les limites une valeur quelconque autre que $\frac{\varphi(a+b) + \varphi_1(a+b)}{2}$; puisque dans les polygones la lois de continuité venant à se rompre à chaque sommet, les formules que nous avons trouvées donnent pour tous ces points la demi-somme des deux ordonnées que l'on obtient en les considerant comme appartenant, tantôt à l'un, tantôt à l'autre, des deux côtés qui viennent s'y couper.

Si l'on voulait exprimer une fonction de x discontinue, qui donnât l'unité pour toutes les veleurs de x comprises entre $x=a$, $x=a+b$, sans excepter ces limites, et qui fût constamment égale à zéro pour toutes les autres valeurs réelles de x, on trouverait aisément la formule

$$\left\{\begin{aligned} &\frac{2}{\pi}\int_0^\infty \frac{dq \sin\frac{bq}{2}\cos\left(x-a-\frac{b}{2}\right)q}{q} \\ &+ \frac{4}{\pi^2}\left(\frac{\pi}{2} + \int_0^\infty \frac{dq \sin(x-a)q}{q}\right)\int_0^\infty \frac{dq \sin\frac{bq}{2}\cos\left(x-a-\frac{b}{2}\right)q}{q} \\ &+ \frac{4}{\pi^2}\left(\frac{\pi}{2} - \int_0^\infty \frac{dq \sin(x-a-b)q}{q}\right)\int_0^\infty \frac{dq \sin\frac{bq}{2}\cos\left(x-a-\frac{b}{2}\right)q}{q} \end{aligned}\right\}$$

$$= -2\left(\frac{2}{\pi}\int_0^\infty \frac{dq \sin\frac{bq}{2}\cos\left(x-a-\frac{b}{2}\right)q}{q}\right)^2 + 3.\frac{2}{\pi}\int_0 \frac{dq \sin\frac{bq}{2}\cos\left(x-a-\frac{b}{2}\right)q}{q}.$$

On peut parvenir directement au même résultat en observant que si l'on indique par y l'intégrale définie

$$\frac{2}{\pi}\int_0^\infty \frac{dq \sin\frac{bq}{2} \cos\left(x-a-\frac{b}{2}\right)q}{q},$$

le problème que nous venons de résoudre, se réduit à trouver une fonction de y telle que pour $y=1$, et pour $y=\frac{1}{2}$ elle donne $\varphi(y)=1$, et pour $y=0$ elle fournisse $\varphi(y)=0$; puisque 1, $\frac{1}{2}$, et 0 sont les trois valeurs de y; d'où l'on déduit

$$\varphi(y) = -2(y-1)(y-\tfrac{1}{2})+1 = -2y^2+3y.$$

On peut trouver une infinité de formules propres à vérifier les conditions précédentes; mais on voit qu'en général elles conduiront toutes à des expressions du second degré, puisque il s'agit de trouver une équation qui ait deux racines.

En général si l'on avait une fonction discontinue quelconque, qui eût seulement un nombre fini n de valeurs diverses dans une étendue finie ou infinie de la variable, il est clair que l'on pourrait, dans le même intervalle, la réduire a n'exprimer qu'une valeur constante donnée, à l'aide d'une équation du degré n qui aurait pour racines les diverses valeurs de la fonction connue. On pourrait même à l'aide de la théorie des équations, transformer une fonction discontinue, qui n'aurait qu'un nombre déterminé de valeurs, en une autre fonction discontinue de forme donnée quelconque; ce qui du reste ne saurait offrir aucune difficulté dans l'application.

Maintenant il résulte des considérations précédentes, que lorsque par les conditions d'un problème on sera conduit à une formule qui contiendra des fonctions discontinues, cette formule sera exacte aux limites, ou non, selon que l'on y sera parvenu à l'aide des expressions précédentes qui représentent exactement la fonction même aux limites, ou de celles qui ne donnent pour ces points, que la moitié des valeurs cherchées.

Pour appliquer ces réflexions à quelque cas particulier, nous considererons le mouvement linéaire de la chaleur dans une barre infinie de très-petite épaisseur, en supposant que les températures initiales des points de la barre situés entre $x=-1$, $x=+1$, ayent pour valeur commune 1, et que tous les autres points depuis $x=-1$, jusqu'à $x=-\infty$, et depuis $x=1$, jusqu' $x=\infty$, soyent à la température zéro. Les géomètres qui ont traité cette question, ont trouvé qu'en indiquant par t le tems écoulé depuis le commencement de l'observation, par v la température du point que l'on considere, et par x sa distance à l'origine des coordonnées, on avait l'équation

$$v = \frac{2\, e^{-bt}}{\pi} \int_0^\infty \frac{dq}{q}\, e^{-kq^2 t} \cos qx \sin q;$$

maintenant si on fait $t = 0$, dans cette formule, on devrait retrouver les températures initiales ; mais par la discussion que nous avons faite précédemment de l' intégrale définie

$$\frac{2}{\pi} \int_0^\infty \frac{dq}{q} \sin q \cos qx\,,$$

on trouve qu' elle satisfait aux conditions initiales du problème pour toutes les valeurs de x, excepté pour $x = \pm 1$; car pour ces valeurs elle donne $v = \frac{1}{2}$. Ainsi l'équation précédente n'exprime pas les conditions initiales, telles que nous les avions démandées, et correspondra à un état initial qui donnerait $v = 0$, depuis $x = -1$, jusqu' à $x = -\infty$, et depuis $x = 1$, jusqu' à $x = \infty$; qui fournirait $v = \frac{1}{2}$ pour $x = \pm 1$; et $v = 1$, depuis $x = -1$, jusqu' à $x = 1$.

Pour représenter l' état des températures permanentes dans une barre échauffée par un foyer dont la température est 1, on a la formule

$$v = \frac{2}{\pi} \int_0^\infty \frac{dq \cos qx}{1 + q^2}$$

qui exprime deux courbes logarithmiques se coupant lorsque $x = 0$, à une distance égale à l' unité au dessus de l' axe des abscisses : maintenant comme au point d' intersection on a $e^{0} = e^{0} = 1$; on sera dans le cas d' un polygone, et l' équation sera exacte même pour les limites de chaque fonction ; ce qui peut se vérifier aisément, puisque en faisant $x = 0$, on a

$$v = \frac{2}{\pi} \int_0^\infty \frac{dq}{1 + q^2} = \frac{2 . \pi}{\pi . 2} = 1.$$

C' est peut-être par des considérations semblables, que l' on parviendrait à démontrer *à priori* pourquoi la série

$$\left(1 - \cos a\right) \sin x + \left(\frac{1 - \cos 2a}{2}\right) \sin 2x + \left(\frac{1 - \cos 3a}{3}\right) \sin 3x + \&,$$

(dont la somme est $\frac{\pi}{2}$ tant que l'on donne à x une valeur quelconque comprise entre o, et a, et qui se réduit à zéro pour une valeur quelconque de x comprise entre a, et π,) a pour valeur $\frac{\pi}{4}$ lorsqu' en fait $x = a = \frac{\pi}{2}$; ce qui est aisé à vérifier, puisque la série précédente se réduit alors à

$$\left(1 - \cos\frac{\pi}{2}\right)\sin\frac{\pi}{2} + \frac{1}{2}\left(1 - \cos\pi\right)\sin\pi + \frac{1}{3}\left(1 - \cos\frac{3\pi}{2}\right)\sin\frac{3\pi}{2} \ldots\ldots + \&$$

$$= 1 - \frac{1}{3} + \frac{1}{5} - \frac{1}{7} + \frac{1}{9} \ldots\ldots \& = \frac{\pi}{4}.$$

Tout ce que nous avons dit jusqu'ici nous parait démontrer la nécessité de discuter dans chaque cas particulier la valeur des limites dans les fonctions discontinues, à moins que l' on ne connaisse par avance la nature de la formule d' où on a déduit les expressions qu' il s' agit de vérifier : car une formule qui exprime une fonction discontinue quelconque est le produit de deux facteurs, dont l' un représente l' équation à laquelle cette formule doit satisfaire entre deux limites données, et l' autre exprime la condition de la discontinuité : et on a vu que celle-ci peut être exacte ou non aux limites. Si ces deux facteurs étaient toujours en évidence, il serait aisé dans tous les cas de vérifier les valeurs des limites; mais dans les formules aux quelles on parvient en résolvant les problèmes qui comportent la discontinuité des fonctions, ces facteurs sont renfermés dans une expression commune, et on ne saurait les séparer. Par conséquent il faut dans chaque cas particulier discuter les valeurs des limites.

Les formules que nous avons trouvées précédemment, et qui mettent un évidence les facteurs dont nous venons de parler, sont utiles dans quelques cas pour faire connaître directement la marche de la fonction discontinue : on trouve par exemple

$$v = \frac{2}{\pi}\int_0^\infty \frac{dq \cos qx}{1+q^2} = \frac{e^{-x} + e^{x}}{2} + \left(\frac{e^{-x} - e^{x}}{\pi}\right)\int_0^\infty \frac{dq \sin qx}{q}.$$

Et on voit que ces expressions serviraient de même à représenter l'état permanent d' une barre, dans laquelle il y aurait un nombre quelconque de foyers de température constante.

On pourrait aussi, par des formules semblables, exprimer des fonctions discontinues à deux ou a un plus grand nombre de variables : pourvu que l'on modifiât convenablement les conditions des limites.

Qu' il nous soit permis de remarquer ici, que l' on fairait disparaître quelques unes des difficultés qui se rencontrent dans l' emploi des formules de transformation, dont on se sert pour l' intégration des équations aux différentielles partielles, et dans l'étendue qu' il faut attribuer aux fonctions arbitraires discontinues, si l' on faisait usage de la formule

$$\varphi(t) = \frac{1}{2\pi}\int_0^\pi \left(\frac{\varphi\left(x+e^{u\sqrt{-1}}\right)}{1+(x-t)e^{-u\sqrt{-1}}} + \frac{\varphi\left(x+e^{-u\sqrt{-1}}\right)}{1+(x-t)e^{u\sqrt{-1}}} \right) du$$

que nous avons donnée dans les Mémoires de l' Académie de Turin. Parceque la quantité x qui est indeterminée, et qui doit s' evanouir d' elle même, sert à détruire les erreurs que l' on pourrait commettre en attribuant au développement de $\varphi(t)$ une forme qui ne lui conviendrait point.

Du reste ces considérations, qui sont indispensables pour obtenir des résultats exacts, intéressent spécialement l' analyse des équations aux différentielles partielles qui expriment le mouvement de la chaleur, lorsque on suppose que les températures initiales ne sont pas assujetties aux lois de continuité: car en considérant la question sous le rapport physique, il paraît peu probable qu' aux limites de ces fonctions discontinues, la communication de la chaleur de molecule à molecule se fasse d' après la différence des températures.

Jusqu' à présent on n' à représenté les fonctions discontinues réelles que par des suites infinies, on par des intégrales définies, et on ne connait aucune expression finie qui ne renferme que des quantités algébriques et des fonctions exponentielles ou circulaires, qui puisse représenter une fonction discontinue. Cependant en observant qu' en général lorsque une fonction cesse d' obéir à la loi de continuité, on peut toujours supposer qu' elle passe par $\frac{0}{0}$ au point où elle change brusquement de nature, on parvient à trouver des formules qui ne contiennent que les transcendantes de l' algèbre élémentaire, et qui peuvent exprimer une fonction discontinue quelconque. Sans exposer les recherches qui nous ont conduit à ce résultat, et qui exigeraient de trop longs développemens, nous nous bornerons à vérifier *à posteriori* une de ces expressions, d' où l' on en pourra déduire une infinité d' autres.

Les géomètres qui se sont occupés de la détermination des valeurs particulières des coefficiens différentiels, ont reconnu depuis long tems que la fonction $x^n \, log. \, x$ (qui, lorsque $x=o$, prend la forme $\frac{o}{n}$) est nulle lorsque n est une quantité positive, et devient infinie lorsque n est negative ; maintenant si l'on discute les diverses valeurs de l'expression

$$e^{e^{(x-n) \, log. \, y} \, . \, log. \, y}$$

lorsque $y=o$, ou ce qui revient au même, de l'expression

$$z = e^{e^{(x-n) \, log. \, o} \, . \, log. \, o},$$

on verra que lorsque x est une quantité positive quelconque plus grande que n, on aura $(x-n) \, log. \, o = -\infty$, et par conséquent

$$z = e^{e^{-\infty} \, . \, log. \, o} = e^{-\infty \, . \, e^{-\infty}} = e^{o} = 1.$$

Lorsque $x=n$, comme on a $o \, log. \, o = o$, on trouvera

$$e^{e^{o \, log. \, o} \, . \, log. \, o} = e^{e^{o} \, . \, log. \, o} = e^{-\infty} = o;$$

et enfin lorsque x est une quantité quelconque comprise entre n, et l'infini negatif, on aura $x - n = -p$, et par conséquent $(x-n) \, log. \, o = -p \, (-\infty) = \infty$; et partant

$$e^{e^{(x-n) \, log. \, o} \, . \, log. \, o} = e^{-\infty \, e^{\infty}} = e^{-\infty} = o.$$

D'où il résulte que la fonction

$$e^{e^{(x-n) \, log. \, o} \, . \, log. \, o}$$

est égale à zéro depuis $x = -\infty$, jusques et inclusivement à $x=n$, et que depuis $x=n$, jusqu'à $x=\infty$, cette fonction a pour valeur l'unité. Ainsi l'expression

$$e^{e^{(x-a)\,log.\,0}\,.\,log.\,0} \qquad e^{e^{(a+b-x)\,log.\,0}\,.\,log.\,0},$$

est nulle pour toutes les valeurs de x comprises autre $x=a$, $x=-\infty$; et entre $x=a+b$, $x=\infty$; et est égale à l'unité pour toutes les valeurs de x comprises entre $x=a$, et $x=a+b$; excepté ces limites pour lesquelles, elle se reduit à zéro. On peut observer que l'on a

$$e^{e^{(x-a)\,log.\,0}\,.\,log.\,0} = 0^{0^{x-a}}.$$

Maintenant pour appliquer ces formules à un exemple nous chercherons, comme nous l'avons déja fait, la formule qui exprime l'état permanent des températures dans une barre très-mince de longueur infinie, qui a un foyer placé à l'origine des coordonnées et dont la température constante est égale à l'unité; et nous aurons

$$v = e^{-x}\cos.\, 0^{0^{-x}}\frac{\pi}{2} + e^{x}\,.\,0^{0^{-x}},$$

d'où l'on déduit cette équation singulière

$$\int_0^\infty \frac{dq\,\cos qx}{1+q^2} = \frac{\pi}{2}\left(e^{-x}\cos.\,0^{0^{-x}}\frac{\pi}{2} + e^{x}\,0^{0^{-x}}\right),$$

qui donne

$$\left(e^{-x}\cos 0^{0^{-x}}\frac{\pi}{2} + e^{x}\cdot 0^{0^{-x}}\right)^{n} = e^{-nx}\cos 0^{0^{-x}}\frac{\pi}{2} + e^{nx}\cdot 0^{0^{-x}}.$$

On trouverait de la même manière l'expression d'un grand nombre d'intégrales définies qu'on a cru jusqu'ici devoir former des classes distinctes de transcendantes, et qui ne sont que des formules contenant des fonctions logarithmiques et circulaires dans lesquelles on a donné des valeurs particulières aux constantes qu'elles renferment. Nous montrerons dans la suite de ces recherches l'utilité de ces formules, dans la détermination des valeurs des intégrales définies, et les applications nombreuses qu'on en peut faire à la théorie des nombres, et en général à l'analyse des fonctions entières.

www.ingramcontent.com/pod-product-compliance
Ingram Content Group UK Ltd.
Pitfield, Milton Keynes, MK11 3LW, UK
UKHW012115240726
13965UKWH00004B/1778

9 782013 361859